AF335905

DE LA LONGÉVITÉ HUMAINE

LETTRE A M. ISIDORE GEOFFROI SAINT-HILAIRE

SUR L'ADOPTION D'UN RÈGNE HUMAIN

DE L'ESPÈCE A PROPOS DE L'OUVRAGE DE M. DARWIN

PAR

A. L. A. FÉE

PROFESSEUR D'HISTOIRE NATURELLE MÉDICALE A LA FACULTÉ DE MÉDECINE DE STRASBOURG.

(EXTRAIT DES MÉMOIRES DE LA SOCIÉTÉ DES SCIENCES NATURELLES DE STRASBOURG)

DE LA LONGÉVITÉ HUMAINE

A PROPOS

DE L'OUVRAGE DE M. FLOURENS

I. — Le livre de M. Flourens a fait sensation dans un certain public, en raison des espérances plus ou moins bien fondées ouvertes à l'homme, auquel l'auteur promet une carrière bien plus longue que celle aujourd'hui parcourue. Suivant ce physiologiste, la durée normale de la vie humaine serait d'un siècle, plus une cinquantaine d'années de tolérance à titre exceptionnel; s'il en est autrement, c'est notre faute. Thomas Parr a vécu 152 ans; Henri Jenkens, 169; Pierre Zorten, 185; pourquoi n'approcherions-nous pas de ces chiffres si rarement atteints?

D'abord il y aurait à se demander s'il est réellement avantageux de vivre aussi longtemps. Toute longévité prolongée n'a lieu qu'aux dépens de l'organisme, et, dans ce grand combat de la vie, le plus chanceux reçoit toujours quelques blessures. On s'amoindrit, et la vie ne fonctionne plus que d'une manière incomplète.

Admettons que deux hommes soient nés le même jour, et que l'un vive 70 ans avec le plein exercice de ses facultés physiques et morales, et que l'autre atteigne 90 ans ayant commencé à déchoir dès l'âge de 60; celui qui aura le plus vécu ne sera certainement pas le survivant. Sans doute, l'année a pour chacun de nous la même durée, mais la vie active est rarement de 365 jours. Les non-valeurs sont considérables dans la vieillesse. Celui-ci est sourd ou voit mal; cet autre marche difficilement, n'a qu'une intelligence faible, donne un mois par an à la goutte, aux rhumatismes, etc. Dix ans d'une semblable existence n'en valent pas trois si l'on jouit de la plénitude de la santé. Certains individus, et le nombre en est grand, ne vivent qu'à moitié, au tiers, au quart, de sorte que pour eux, bien que l'année soit de douze mois, elle ne leur vaut, en réalité, que six, quatre ou trois mois d'une existence entière. Un homme meurt nonagénaire, et chacun va disant : Quelle belle et longue carrière ! Il faudrait auparavant se demander ce qu'était la vieillesse de cet homme, et l'on serait souvent forcé de reconnaître que, s'il était mort vingt ans plus tôt, il n'aurait rien perdu. Même chez les personnes qui se conservent le mieux, les pertes sont immenses.

Si, sous le rapport individuel, il est peu désirable que la vie de l'homme se prolonge beaucoup au delà du terme actuel, il le serait bien moins encore dans l'intérêt général. Si l'espèce humaine parvenait à vivre un siècle en moyenne, la population du globe serait triplée, et à son très-grand préjudice. Les difficultés de vivre augmenteraient dans la même proportion, les besoins dépasseraient les ressources, et la mort serait invoquée comme un bienfait : les grandes maladies, les épidémies meurtrières, la peste et le choléra, cesseraient d'être un fléau.

Heureusement que la chose n'est point à craindre.

Pour vivre longtemps, imitez Cornaro : pesez chaque jour douze onces de nourriture solide, mesurez quatorze onces de vin ; faites-en deux repas ; cultivez les lettres ; exercez la bienfaisance ; occupez-vous dans une sage mesure ; visitez vos espaliers ; promenez-vous dans votre jardin, le long du ruisseau qui l'arrose ; préservez-vous du froid, du chaud et de l'humide. Surtout, gardez-vous bien de rien changer à ce régime : si vous ajoutiez seulement deux onces de nourriture solide à vos douze onces, vous seriez en danger de mort....... Quel est celui de nous qui, le pouvant, consentirait à se soumettre à une pareille servitude?

Que la sobriété puisse concourir à prolonger la vie, personne n'en doute ; mais, sans diminuer en rien les chances de longévité, on peut ne pas la pousser aussi loin. Le régime suivi par Cornaro, et qui lui a si bien réussi, tuerait infailliblement la plupart de ceux qui se l'appliqueraient. Les exigences de l'estomac, celles du corps pour le sommeil, la résistance au travail manuel, varient suivant les personnes.

Chez Cornaro, avec une organisation délicate, existait une puissance de vie considérable, et s'il eût vécu d'une manière moins austère, il est vraisemblable qu'il aurait atteint un grand âge.

Parmi les macrobites, il en est bon nombre qui ont été des débauchés et des ivrognes ; on dit d'eux qu'ils ont l'âme chevillée dans le corps. A quoi attribuer cette longue vie, sinon à cette force particulière que, faute de mieux, nous qualifions de puissance vitale? Annibal Camoux meurt à Marseille à l'âge de 121 ans, après avoir été manœuvre et avoir servi sur les vaisseaux de l'État. Il buvait beaucoup de vin et se nourrissait d'aliments très-grossiers. Denis Guignard, qui habitait une caverne creusée dans le tuf, et qui se nourrissait très-mal, a vécu 124 ans. Polotiman, chirurgien à Vaudemont (Lorraine), depuis qu'il avait atteint la vieillesse, ne passait pas un jour sans s'enivrer, et il est mort à 140 ans. Aucun centenaire, Cornaro excepté, ne s'est préoccupé de régler son régime. Tous ont vécu comme ils ont pu et au jour le jour, quelques-uns d'aumônes, témoin François Consir de Bury-Horp, en Angleterre, qui atteignit 150 ans, et Jean d'Outegro de Galice, qui ne vécut pas moins de 146 ans dans une extrême pauvreté. À Dieu ne plaise que l'on puisse croire que je n'apprécie pas l'influence de la modération et de la sagesse sur la durée de la vie, j'ai voulu seulement montrer que ces existences si longtemps prolongées l'ont été par des causes indépendantes de l'hygiène et du régime.

II. — Il s'opère dans l'organisme des modifications qui résultent de la vie même, et auxquelles il est impossible de s'opposer. Les os reçoivent plus de molécules inorganiques qu'ils n'en expulsent; ce dépôt les rend plus fragiles et ajoute à leur densité; pareille chose advient aux cartilages, qui peu à peu s'ossifient; la paroi des artères s'épaissit; la souplesse des membranes diminue : telle est, par exemple, celle du tympan, qui détermine la surdité; l'œil se déforme, les rayons lumineux qui traversent le cristallin n'arrivent à la rétine qu'après avoir perdu une partie de leur éclat; les dents sont chassées de leurs alvéoles; les articulations, n'étant plus lubréfiées par la synovie, se refusent au mouvement; le système adénique s'atrophie ou s'hypertrophie; les sécrétions tarissent, etc., etc. Il résulte de ces déchéances une sorte de langueur ou de fatigue organique, qui prélude à l'éternel repos.

Ces changements sont inévitables; nul ne peut s'y soustraire. Nous nous lapidifions; la mort, dans la grande vieillesse, est le résultat d'une sorte d'encroûtement, les solides prédominent sur les liquides, ils entravent le jeu des organes, et l'on meurt.

Le terme de la vie par causes naturelles n'est pas le même pour tous. La fixation des molécules inorganiques, qui frappe d'impuissance les organes, a lieu plus ou moins vite et d'une manière plus ou moins complète; il en résulte des vieillesses précoces ou des vieillesses tardives, et très-exceptionnellement des macrobities.

Ce qui semble prouver victorieusement que c'est bien à cette sorte d'encroûtement que l'on doit attribuer la mort naturelle, c'est que les animaux aquatiques, par exemple les poissons, vivent bien plus longtemps que la plupart des autres vertébrés. La matière cartilagineuse des os de la grande raie est de 78 pour 100, et celle des os du bœuf seulement de 33. Le phosphate de chaux fait plus de la moitié du poids total de l'os de l'homme, tandis qu'il ne fait pas la septième partie de l'os de l'esturgeon. Les parties liquides sont donc relativement beaucoup plus

considérables chez les poissons que chez les mammifères, de sorte que l'encroûtement est bien moins rapide; destinés à vivre longtemps, et pullulant d'une façon
extraordinaire, ils rempliraient à eux seuls la vaste étendue des eaux, à l'exclusion
de tous les autres animaux, si la nature, pour en réduire le nombre, ne les eût
donnés en pâture les uns aux autres.

L'homme peut-il retarder la mort naturelle et s'opposer aux causes qui la pro-
voquent? Sans doute, dans une certaine mesure; car l'espèce d'encroûtement dont
nous avons parlé n'est pas la seule cause de mort qui soit en lui. Les appareils
fonctionnels sont fort compliqués, et chez un même individu ils ont bien rarement
une puissance égale; lors donc qu'il est bien constaté que tel ou tel organe faiblit,
il est possible de le ménager. C'est là surtout ce qu'a su faire Cornaro pour l'estomac, ce viscère sur lequel il est le plus facile d'agir. Lorsque la faiblesse est
générale, on doit fortifier le corps, et s'abstenir des actes qui sont pour lui une
trop lourde charge. Mais en ce qui concerne le dépôt lent et successif des molécules solides dans nos organes, donné comme principale cause de mort, il est
fatal. Que la vie soit dans toute sa plénitude ou qu'elle soit privée d'énergie, le
résultat sera le même; avec une nutrition active, il y aura plus de molécules inorganiques expulsées, mais il s'en fixera davantage; avec une nutrition languissante,
la quantité de molécules inorganiques fixées sera moindre, mais il en faudra moins
aussi pour faire arriver au terme fatal, faute par le sujet de pouvoir réagir.

Quoique l'individu se rattache à une espèce, il est cependant doué physiquement de qualités qui lui sont propres. Il est plus faible ou plus fort que ses géniteurs, plus grand ou plus petit; sa croissance s'est opérée plus ou moins vite; il
s'appartient, il est lui : aussi peut-il vivre plus ou moins longtemps que ses pères,
dont il est indépendant aussitôt qu'il peut suffire à ses besoins.

La résistance aux causes de mort qui sont en nous, doit donc différer pour
chaque individualité. Tel meurt de vieillesse à 50 ans, tandis que tel autre est
encore dans une maturité florissante à 60. Ces résistances si diverses rendent bien
difficile le partage de la vie humaine en époques ou phases distinctes.

M. Flourens a des âges et des sous-âges; il en compte huit : deux enfances,
deux jeunesses, deux âges virils, deux vieillesses. Il étend l'enfance jusqu'à 20 ans,
la jeunesse jusqu'à 40, l'âge viril jusqu'à 70 ans; la première vieillesse va jusqu'à
85, et la dernière compléterait la centaine.

Les grandes époques de la vie humaine sont moins nombreuses que ne le pré-
tendent les physiologistes; rigoureusement parlant, il n'y en a que deux pour
l'homme : la deuxième dentition et la puberté; que trois pour la femme : la
deuxième dentition, la puberté et la cessation de la menstruation. La deuxième

dentition s'opère assez régulièrement de 7 à 8 ans ; la puberté se manifeste de 16 à 18 ans pour l'homme, et de 14 à 16 pour la femme ; la cessation des règles, époque parfaitement indiquée, peut être fixée entre 46 et 50 ans. Quant à l'accroissement en hauteur, il varie beaucoup, et l'homme en atteint le terme moins vite que la femme, d'où il s'ensuivrait que celle-ci devrait vivre moins longtemps.

Mais insistons sur cette vérité : tout est individuel, et dans une même famille chacune des époques indiquées est différente pour chacun des membres qui la composent, de sorte que l'on ne peut rien conclure de ces données.

On a dit que la durée de la vie était subordonnée au temps que les animaux mettent à s'accroître en hauteur, et qu'en général ils vivaient cinq fois plus. Or, dans ce système, l'homme, ne terminant sa croissance qu'à 20 ans, devrait vivre un siècle. Pour adopter ces idées, il faudrait les appuyer sur des faits, et ils manquent encore. Ce que nous savons à cet égard des vertébrés, ne suffit pas pour infirmer ou confirmer cette loi. Le terme de la vie des animaux domestiques nous est seul connu, et ils sont placés dans des conditions exceptionnelles. Si les mammifères vivent, en effet, quatre à cinq fois le temps qu'ils mettent à s'accroître, il est bien prouvé que les oiseaux excèdent de beaucoup cette durée. Certains d'entre eux, prisonniers dans nos volières, ne grandissent plus à la fin de leur première année, et vivent cependant quinze fois plus. Sans croire à la longévité extrême des perroquets, il a été parfaitement prouvé qu'il en est dont la vie s'est prolongée jusqu'à plus d'un demi-siècle, c'est-à-dire plus de vingt à trente fois la durée de leur accroissement. On ne sait rien, sous ce rapport, des reptiles. Quant aux poissons, ils semblent s'allonger et grossir pendant un temps en quelque sorte indéfini ; quand pour eux arrive la mort, on peut croire qu'ils s'accroissent encore. C'est ce qui a dû arriver au fameux brochet de Kaiserslautern, dont le poids dépassait 300 livres, et la longueur 19 pieds ; il avait été pêché en 1497, et portait un anneau daté de 1262, ce qui lui donnait 235 ans d'âge ; pendant combien d'années n'a-t-il pas dû grandir et grossir ?

Croître doit-il seulement s'entendre de la taille, et ne s'accroît-on plus quand le corps grossit ? Le chien, qui grossit jusqu'à 3 ans, ne grandit plus passé 18 mois ; cette remarque est commune à presque tous les mammifères. Comment alors pouvoir dire que telle ou telle espèce d'animal vit six ou sept fois le temps de l'accroissement, telle autre seulement quatre ou cinq ? Pour fixer ce terme faut-il, comme le veut M. Flourens, attendre la soudure des épiphyses à l'os auquel elles appartiennent ? Cette donnée, qui a sa valeur, n'est pas exempte de vague. On peut cesser de croître avant cette époque, et croître encore après.

La durée de la vie n'est pas en rapport avec la taille, et il est permis de s'en étonner : le cheval, le cerf, le dromadaire, vivent bien moins longtemps que l'homme ; une foule d'oiseaux plus que le chien et le chat ; la carpe plus que le bœuf et l'âne.

La durée de la gestation n'est pas non plus en rapport avec la taille et la durée de la vie. Elle est de onze mois pour le cheval, de neuf mois et demi pour le bœuf, de trois mois et demi pour le loup, de neuf semaines seulement pour le chien, etc.

Ce n'est donc ni la durée de l'accroissement, ni celle de la gestation, ni la grandeur de la taille, qui donnent la mesure de la durée de la vie.

Les hommes qui naissent le même jour, meurent à des jours différents : les uns jeunes, les autres vieux. Quitter la terre de bonne heure est la règle, vivre longtemps l'exception. Pour que l'homme atteignît une longévité d'un siècle, il faudrait que les choses changeassent du tout au tout ; en effet, en France, sur 36 millions d'habitants, on ne compte que 150 vieillards de 98 à 100 ans, c'est-à-dire 1 sur 240,000. Si l'espèce humaine avait été constituée physiquement pour vivre un siècle, cette possibilité nous serait révélée par un chiffre plus élevé. Ce calcul statistique, appliqué aux autres pays de l'Europe, ne donnerait pas des résultats plus avantageux, même au nord, quoique l'on ait prétendu le contraire. S'il était possible de savoir quelle est la durée de la vie de l'homme chez les nations *incivilisées*, on verrait combien, sous ce rapport, nous l'emportons sur elles. La vie moyenne, qui est parmi nous de 36 à 37 ans, n'atteindrait peut-être pas 25 ans dans l'Afrique centrale, la Polynésie et l'Amérique méridionale.

Perdons l'espérance de voir augmenter beaucoup le nombre des centenaires.

Il est curieux de lire, chez Buffon, qu'avant le déluge *la terre étant moins solide, et ses productions moins consistantes*, l'homme, *plus ductile, plus souple, plus susceptible d'extension*, pouvait vivre plus longtemps que de nos jours. Le célèbre naturaliste recule la puberté jusqu'à 130 ans, et comme il le fait vivre sept fois davantage, il arrive au chiffre de 910 ans. Buffon n'a pas songé que si l'homme n'était pubère qu'à 130 ans, il devait s'accroître en taille pendant tout ce temps et atteindre plus de 25 pieds de haut. Qu'est-ce d'ailleurs qu'une terre moins solide, des productions moins consistantes, plus de ductilité, d'extensibilité chez l'homme ? M. Flourens, grand admirateur de Buffon, n'aurait pas dû citer ce passage compromettant, passage qui n'a, du reste, aucun rapport essentiel avec le sujet qu'il traite. Il est un autre reproche que je crois devoir adresser au docte académicien, celui de blâmer Linné d'avoir classé la chauve-souris parmi les oiseaux, tandis que le naturaliste suédois, au contraire, donne à cet animal une place parmi les *feræ*, à la suite du hérisson ; le *Systema naturæ*, publié en 1735, l'auteur ayant à peine 28 ans, témoigne qu'il n'a pas commis cette lourde bévue.

Si nous refusons à l'homme ce siècle de vie ordinaire et ce demi-siècle de vie extraordinaire qui lui sont si généreusement accordés, nous admettons parfaitement que l'on puisse reculer les limites de la vie moyenne. De 37 ans, où elle n'est parvenue que depuis peu de temps, nous espérons qu'elle arrivera à 40 et peut-être à 45 ans. Quant au terme de la mort par vieillesse, nous pensons qu'il ne sera guère reculé, et nous avons dit quelles étaient les causes qui, suivant nous, s'opposaient à l'extrême longévité. Il y aura plus de vieillards, mais les centenaires, fussent-ils moins rares qu'à présent, feront toujours exception.

Strasbourg, ce 1er octobre 1861.

A. FÉE.

LETTRE A M. ISIDORE GEOFFROY SAINT-HILAIRE

SUR L'ADOPTION D'UN RÈGNE HUMAIN.[1]

Monsieur,

Votre *Histoire naturelle générale des règnes organiques*, qui m'a appris tant de choses et tant de choses intéressantes, n'a pu cependant me démontrer que la création d'un règne humain soit suffisamment justifiée; et c'est, en quelque sorte, pour avouer ce que je pourrais nommer mes torts en zoologie, que je me permets de vous adresser cette lettre. Vous étayez votre opinion de celle d'une foule de personnes distinguées par leur savoir, si bien que je dois croire, *a priori*, que m'éloigner de vous et d'elles c'est m'égarer; vous êtes très-capable de me remettre dans la bonne voie, et je suis fort désireux d'y marcher à votre suite.

Toute la question relative à l'adoption ou au rejet de ce règne, qui sépare l'homme des animaux, semble se réduire à savoir si l'on peut ou non prendre pour bases de classification des qualités immatérielles dont l'esprit saisit l'importance, mais que l'œil ne saurait voir, ni la main toucher.

Vous, Monsieur, et les savants dont vous invoquez l'opinion en y ajoutant de nouveaux arguments ainsi que l'autorité de votre nom, vous adoptez l'affirmative; je ne puis être du même avis.

Les naturalistes classificateurs sont essentiellement morphologistes. La structure interne et externe, l'une et l'autre en rapport intime, voilà ce qui les préoccupe. L'intelligence plus ou moins évidente, l'instinct plus ou moins développé ne sont appréciés qu'au seul point de vue de la psychologie. Si on les prenait en considération, il faudrait complétement changer l'ordre sérial des animaux, si bien justifié quant à la constitution physique; et l'on se verrait forcé de placer, par exemple, les insectes avant les poissons, et peut-être même les oiseaux avant les mammifères, le chien seul excepté.

Quoique nous ne sachions pas, au juste, ce qui se passe dans la vie intime des

1. Cette lettre n'a pu être adressée à M. Isidore Geoffroy Saint-Hilaire dont la mort si regrettable a coïncidé avec l'envoi qui devait lui en être fait.

animaux, nous pouvons reconnaître qu'il en est chez lesquels l'intelligence
opère des prodiges, et qui jouissent de facultés toutes spéciales. Ce n'est pas à
vous, Monsieur, que je parlerai des fourmis, dont vous connaissez parfaitement
l'histoire. En la dégageant de ce qu'elle a de merveilleux, ce qui en reste m'étonne
au plus haut point. Les abeilles ne font rien ou presque rien d'imprévu; les fourmis, au contraire, ne font rien ou presque rien de prévu. Tout est irrégulier dans
la construction intérieure d'une fourmilière. Tandis que les abeilles sont essentiellement routinières, les fourmis agissent en raison des circonstances fortuites qui
se présentent à elles. Ce sont des charpentiers, des maçons, et même des archi-
tectes habiles, qui savent, lorsque l'édifice l'exige, construire des passerelles, élever
des contre-forts, dresser des poutres, ménager des issues; habitations de toutes
sortes, chaussées, routes petites et grandes, rien n'y manque; ajoutons que le
travail se fait en commun. Privées de la parole, elles ont le signe pour se faire
comprendre, et elles se comprennent. Pensent-elles, à leur manière? Je ne saurais
ni le dire ni le nier, mais si quelque naturaliste formait, d'après ces données, un
règne formical, même en refusant de l'adopter, je n'oserais en rire.

Je suis bien loin de méconnaître la grandeur morale et intellectuelle de l'homme,
telle que l'ont faite les nombreuses générations qui se sont succédé, quoique le
point de départ de cette grandeur me dispose à plus d'humilité que d'orgueil; mais
je fais deux parts : celle du naturaliste et celle du philosophe. Je sépare l'homme
moral de l'homme physique. La psychologie réclame l'un, l'histoire naturelle réclame l'autre, et comme ces deux branches des connaissances humaines ne peuvent
ni ne doivent intervenir simultanément, je me décide pour les caractères anato-
miques; ils me démontrent que l'homme se lie étroitement aux mammifères par
l'organisation. Cette étroite parenté m'étant prouvée, je le place, sans aucune hésitation, à la tête de la série animale.

Vous en décidez différemment, Monsieur, ne voulant pas séparer la double nature
de l'homme. L'*homo duplex* est pour vous l'*homo simplex*, et vous unissez en lui,
pour le caractériser, le corps avec ses formes, l'âme avec ses facultés. En adoptant
ce système, il me semble que nous échappons à l'histoire naturelle pour dépendre,
en partie du moins, de la métaphysique, qui ne devrait pas intervenir. Cependant
les taxonomistes, vous le savez, procèdent autrement. Ils ont divisé les êtres en
inorganiques et en organiques, précisément pour consacrer l'importance des organes
comme base de classification; s'ils agissaient autrement, ils seraient en contradic-
tion avec leurs prémisses.

En botanique, l'irritabilité exquise de la sensitive n'a pas empêché qu'on ne fît
un *mimosa* de cette légumineuse, et qu'elle ne fût placée avec les espèces insen-

sibles au tact. L'aldrovande, l'utriculaire, la dionée, l'*Hedysarum gyrans,* la vallis-
nérie, ont été décrites et classées sans qu'il fût besoin de faire intervenir les particularités curieuses et exceptionnelles qui se rattachent à leur histoire. En zoologie,
les classificateurs ne se sont aucunement préoccupés de l'instinct du castor, ni de
celui des apiaires, des termites ou des fourmis, si ce n'est pour faire connaître les
instruments dont ils se servent. Le naturaliste veut voir et toucher. Les plantes et
les animaux étant classés et décrits, un autre ordre d'études commence, et les
appréciations de toute nature sont permises.

Si l'on admettait pour l'homme un règne particulier, fondé sur ses qualités
morales, ne voit-on pas qu'il perdrait, en mourant, les caractères qui le distin-
gueraient des autres mammifères, et qu'il deviendrait impossible de le classer.
Mort, il ne serait plus ce qu'il était vivant, et seul, entre tous les êtres de la création, il aurait une double nature : homme d'abord et type d'un règne, puis animal
et seulement placé à la tête du règne organique. — Il ne saurait en être ainsi.

Arrachez une plante, desséchez-la; tuez un animal et conservez-le de quelque
manière que ce soit, et vous pourrez toujours reconnaître, en les étudiant, que
vous avez sous les yeux soit une malvacée ou une graminée, soit un rongeur ou
un palmipède. La mort n'enlève aucun caractère taxonomique aux êtres vivants,
et l'homme, sous ce rapport, ne doit pas sortir de la loi commune.

Linné a dit que les végétaux croissent et vivent, que les animaux croissent, vivent
et *sentent,* et l'on pourrait croire que lui aussi s'est servi, pour séparer les deux
règnes organiques, d'un caractère immatériel, mais on se tromperait, car il constate
uniquement l'existence d'un système nerveux, sans rien préjuger de l'étendue plus
ou moins considérable de son action. D'ailleurs, en séparant les règnes par un
simple mot, l'illustre naturaliste a fait seulement jaillir un trait de lumière, sans
prétendre donner des définitions rigoureuses.

On pourrait encore alléguer en faveur de la création d'un règne humain, que
les qualités psychiques de l'homme, la moralité et la religiosité qu'il possède en
propre, démontrent que son cerveau, considéré comme agent d'une intelligence que
rien n'égale, doit être différent, au moins dans sa texture, de celui des animaux qui
se rapprochent le plus de lui, et que si nos connaissances en anatomie étaient plus
avancées, ou nos moyens d'exploration plus parfaits, nous pourrions le constater.
Ce n'est là qu'une simple hypothèse, et il est bien douteux qu'elle arrive jamais à
la démonstration; mais, y parvînt-elle jamais, le cerveau humain serait toujours
anatomiquement, dans sa forme générale, le même instrument que le cerveau
animal, seulement modifié. Or, si les modifications d'un organe peuvent servir de
caractère pour autoriser la création d'une classe, d'une tribu, d'un groupe, il ne

peut aller, en aucune manière, jusqu'à motiver l'établissement d'un règne. J'aime bien mieux, avec Buffon et d'autres philosophes, croire que la dignité de notre espèce est un don spécial du Créateur, tout à fait indépendant de la forme et de la texture intime de nos organes.

Je suis trop de mon espèce pour ne pas voir combien nous nous élevons au-dessus des autres animaux; cependant, quand je mesure l'intelligence de l'homme et que j'en apprécie les résultats merveilleux, je m'aperçois bientôt que je cherche mes exemples, non pas chez l'homme tel qu'il est, mais bien chez l'homme tel qu'il est devenu. Je le prends perfectionné, éduqué, poli, civilisé. L'œuvre des années s'est faite; elle est immense; mais en est-il toujours ainsi pour toutes les races? et l'intelligence, comme le corps, n'a-t-elle pas divers degrés de perfection qui la rendent plus ou moins apparente? Si elle brille d'un éclat si vif parmi nous, en est-il de même partout? et ne puis-je pas constater qu'elle s'entoure parfois de ténèbres?

Quelle qu'ait été l'époque de sa création, l'homme, sur plusieurs points de la terre, est resté primitif. S'il s'est perfectionné au début de la vie, cette perfectibilité semble s'être arrêtée, et pour qu'elle puisse aujourd'hui continuer, il faut l'intervention d'une race supérieure. De combien de degrés l'Australien s'élève-t-il au-dessus de certains animaux? Si je le savais, je ne voudrais pas le dire, tant ce chiffre pourrait paraître humiliant pour l'humanité, prise dans son ensemble. Le chien, le cheval, le chat, plusieurs oiseaux sont éducables, l'Australien ne l'est pas, ou l'est à peine.

Les animaux sont intelligents, car je ne puis comprendre l'instinct, — et ils en ont tous, — sans un certain degré d'intelligence. Ils ont de la mémoire, de la prévoyance, des sentiments affectifs, des passions, que des cris modulés font comprendre aux individus de leur espèce, et souvent même, comme chez les oiseaux, à des individus d'espèce différente. Quels avantages les Hottentots, les Fuégiens, les Australiens, les Boschimens, les Esquimaux, les Alfourous, ont-ils sur les animaux? Sera-ce la possibilité de transmettre leurs idées par la parole? mais le langage dont ils se servent n'a de mots que pour servir les besoins les plus pressants de la vie. Quoique ces hommes aient, comme nous, cinq doigts à chaque main, la plupart d'entre eux ne savent compter que jusqu'à trois. Les rongeurs ont la prévoyance et les Hottentots ne l'ont pas. Qu'est-ce que la moralité des actions d'un Papou ou d'un Botocudo! Le nid des oiseaux est incomparablement mieux construit que la hutte grossière qui abrite les Algonquins. Le tigre, le lion, la panthère, qui se repaissent de chairs vivantes, cèdent à la nécessité, ils ne sont pas féroces, supérieurs en cela aux peuplades anthropophages. Si je mets ici les animaux en relief, c'est uniquement pour montrer que l'intelligence humaine, malgré le développement merveilleux qu'elle a pris, se montre pourtant incertaine et troublée; et je déduis de cette constatation qu'il est sage de laisser l'homme à la place où Linné l'a mis, en réservant l'appréciation de ses qualités morales pour un autre ordre d'études, distinct de l'histoire naturelle.

M. de Quatrefages, qui se recommande aux zoologistes par d'excellents écrits et des travaux estimables, poursuit depuis longtemps et avec persévérance la question si difficile et si controversée de l'unité ou de la pluralité de l'espèce humaine. Il se prononce pour la solution orthodoxe, et consacre dans un livre qu'il vient de publier sur ce grave sujet[1], un chapitre sur le règne humain, règne qu'il avait adopté dès 1838, ainsi qu'il résulte d'une note placée au bas de la page 17. Nous ne suivrons pas M. de Quatrefages dans les raisons qu'il donne pour justifier l'établissement d'un règne hominal; car elles ne diffèrent pas de celles invoquées par vous; nous n'avons donc pas à les combattre, ayant cherché à établir que toute classification doit prendre pour base l'organisation et non les facultés. M. de Quatrefages caractérise ainsi l'homme : *être organisé, vivant, sentant, se mouvant spontanément, doué de* MORALITÉ *et de* RELIGIOSITÉ. Il y a bien quelques traces de moralité chez nos animaux domestiques, mais c'est nous qui l'avons développée, et elle n'existe que d'une manière obscure. On pourrait ajouter que la religiosité n'est pas absolument universelle, et que parfois ce qui en devient manifeste est à peine évident, mais nous croyons en effet que l'homme est moral et religieux, qualités qu'on peut regarder comme innées; toutefois cette déclaration laisse entières nos objections sur la valeur du règne humain, que nous ne saurions regarder ni comme fondé en raison, ni comme nécessaire.

Le résumé que vous donnez, dans la partie de votre bel ouvrage qui concerne l'établissement de ce règne, vous permet d'établir trois règnes organiques, et vous dites, dans le langage concis dont Linné nous a laissé de si parfaits modèles: la plante *vit,* l'animal *vit et sent,* l'homme *vit, sent et pense;* d'où il suit que la vie serait simple dans les plantes, vie végétative; double chez les animaux, vie végétative et vie animale; triple chez l'homme, vie végétative, vie animale et vie morale. Trois règnes, ni plus ni moins.

Comme il ne m'est pas possible de refuser la pensée aux animaux, ainsi que je le dirai tout à l'heure, je crois qu'il eût été préférable, dans l'ordre d'idées que vous adoptez, de séparer vos trois règnes de la manière suivante :

Êtres organisés (empire organique) — n'ayant qu'une vie passive, sans instinct de conservation : *les végétaux* (règne végétal). — jouissant d'une vie active, ayant l'instinct de conservation (règne animal), — non perfectibles par eux-mêmes : *les animaux.* — perfectibles par eux-mêmes à des degrés différents : *les hommes.*

On éviterait ainsi de trancher la question relative à la faculté de penser, que vous attribuez exclusivement à l'homme, tandis qu'elle s'étend évidemment aux animaux.

1. *Unité de l'espèce humaine.* Paris, 1861.

Si, pour vous, la pensée exprime les actes de l'intelligence qui demandent de la réflexion, de la méditation, du calcul, certes, ces combinaisons sont propres à l'homme, et la pensée humaine ne saurait en aucune manière devoir être attribuée aux animaux; mais si par elle vous entendez parler d'un jugement formulé, d'une décision prise qui fait cesser l'hésitation, d'un acte de la mémoire qui rappelle le passé, il serait injuste de ne pas reconnaître qu'il existe une pensée animale, restreinte, bornée à la satisfaction des besoins matériels, superficielle et sans pénétration, quoique réelle. Est-il juste de dire que la bête ne pense point? qu'elle est en quelque sorte semblable à l'homme qui rêve? que tout est image pour elle? qu'elle est conduite à son insu par ses instincts? Cet automatisme ne saurait être admis en présence des faits bien constatés qui se rattachent à l'histoire des animaux.

Buffon leur accorde la conscience de leur existence actuelle et leur refuse la pensée, et M. Flourens fait remarquer avec raison que l'une ne peut aller sans l'autre[1]. Il est vrai que plus tard Buffon dit du chien qu'il a le *désir de plaire*, qu'il *attend* des ordres, qu'il *consulte, interroge, supplie, entend les signes de la volonté*, actes qui ne permettent pas de refuser au chien une *certaine pensée*, c'est-à-dire une certaine intelligence.

Condillac et G. Leroy accordent aux animaux jusqu'aux opérations intellectuelles les plus élevées. Buffon, qui se contredit, parce qu'il flotte irrésolu dans son opinion sur la valeur intellectuelle des animaux, constate qu'ils ont de la mémoire, et même une mémoire étendue, peut-être plus fidèle que la nôtre. Or, se ressouvenir à ses heures, c'est rappeler le passé. La mémoire exige la pensée et s'y associe.

Le chien, dit Frédéric Cuvier, n'obéit à son maître que parce qu'il veut: vouloir, c'est être libre de ne pas vouloir; c'est se décider à faire un acte; il y a décision prise et par conséquent intervention du jugement. L'incertitude, s'il faut prendre un parti, c'est *penser* qu'on fera ou qu'on ne fera pas telle ou telle chose. On pèse les motifs, et l'on agit en conséquence. Montaigne et Charron croyaient que les animaux combinent leurs idées, qu'ils raisonnent et réfléchissent. Voltaire les traite aussi généreusement.

Il est bien peu de nos qualités et de nos défauts qui n'existent chez les animaux à un degré plus ou moins marqué. Les individus, de même que les hommes, diffèrent par le caractère. On trouve parmi les espèces courageuses, des timides et des lâches. Les chiens, si bien doués d'ordinaire, sont parfois ingrats, rancuneux, féroces, hargneux, et chacun a pu voir des chats doux et affectueux, se laissant caresser par le premier venu. Le dévouement, la reconnaissance, la sensibilité, la prévoyance, ne sont point étrangers aux animaux, non plus que la jalousie, la

---

1. Flourens, De l'instinct et de l'intelligence des animaux; 3e édition, p. 15 et suivantes.

colère, l'emportement, l'orgueil et la ruse. Aucun de ces sentiments ne se manifes-
terait si la pensée n'intervenait, et qu'ils fussent de simples machines cartésiennes.

Lorsque la marmotte, le chien des prairies, le flammant et bien d'autres animaux,
creusent des terriers et font des nids, ils cèdent à l'instinct; mais s'ils mettent en
vedette un des leurs pour les avertir d'un danger, ils font acte d'intelligence.

Les faits extraordinaires dont abonde l'histoire des grands et des petits animaux,
n'ont pas besoin d'être rappelés; s'ils étaient prouvés tous, il faudrait apprécier les
bêtes à une plus haute valeur que nous ne le faisons. J'ai sous les yeux un livre inté-
ressant, publié en 1856 : *Causeries sur la psychologie des animaux,* par M. Trögel;
cet auteur élève considérablement la dignité des animaux, surtout celle des oiseaux.
Il veut qu'ils calculent les conséquences de leurs actions, qu'ils distinguent l'apparence de la réalité, qu'ils choisissent de deux maux le moindre, et de deux
avantages le plus grand; honte, ambition, orgueil, mélancolie, attachement, indif-
férence, amour, haine, sympathies, antipathies, jalousie, bonté, pitié, compassion,
droit, justice, équité, désespoir poussé jusqu'au suicide, respect pour la vieillesse,
conscience de ce qui est permis et de ce qui ne l'est pas, — tout jusqu'au sentiment
du beau, — il ne leur refuse rien; et c'est avec des faits nombreux, la plupart observés
par lui, qu'il se présente à ses lecteurs. Sans aller aussi loin que M. Trögel, je puis
déclarer avoir vu des exemples d'intelligence tels, qu'il m'est impossible de refuser
aux animaux la faculté de penser. D'ailleurs, si nous jugeons sainement des autres
hommes, c'est d'après ce que nous-mêmes éprouvons. Hors de là, le doute, l'incertitude, l'hésitation, faussent notre jugement; tout, chez les animaux, est mystérieux,
et nos décisions à leur égard ne sont, la plupart du temps, que des hypothèses.

Bien que je réserve pour l'homme le privilége d'une perfectibilité indéfinie, dont
lui-même est l'artisan, je ne puis refuser aux animaux une perfectibilité restreinte
qu'ils ne doivent qu'à eux seuls En y regardant bien, on pourrait décider que
plusieurs d'entre eux ne sont pas aujourd'hui tels qu'ils étaient jadis, du moins
voit-on que parfois ils modifient leurs habitudes dans l'intérêt de leur défense et de
leur mieux-être. Les chevaux qui ont recouvré leur liberté en Asie et en Amérique
forment des familles ayant un étalon pour chef; celui-ci commande et se fait obéir;
il choisit les pâturages; le soir il rassemble son *clan* et le conduit dans le lieu qui
lui convient pour le repos de la nuit; aucun intrus ne peut se glisser dans la troupe.
Lorsque plusieurs familles de chevaux marchent ensemble, quoique formant des
groupes distincts, des éclaireurs se portent en avant, s'arrêtent et hennissent au
moindre objet suspect, pour avertir la troupe, qui se rallie et s'apprête au combat.
Les onagres ont une organisation pareille : attaqués par des loups, ils se mettent
en cercle, les faibles (poulains et vieillards) au centre; ils attendent l'ennemi, le

reçoivent à coups de pied, et le déchirent à belles dents. Les éléphants forment aussi des clans, se donnent un chef, et, dans leurs marches, mettent à l'avant-garde et à l'arrière les plus forts de la troupe, tandis que les mâles entourent les petits et les mères, prêts à les défendre au besoin. Les hyénoïdes chassent en commun avec autant d'ordre que les chiens les mieux dressés. Si certains animaux mettent des vedettes pour se faire avertir de l'approche d'un danger, c'est que ce danger leur a été révélé. La même espèce d'animal varie la manière d'attaquer et la manière de se défendre, suivant l'ennemi qui donne lieu à l'attaque et à la défense; déjouer les ruses du chasseur, éventer les piéges tendus, quitter le territoire où les ennemis sont trop nombreux ou trop redoutables, c'est mettre à profit l'expérience; or, ce qu'une génération a fait de progrès, se transmet aux générations qui se succèdent; malheureusement les résultats obtenus ne sauraient se continuer; souvent même, ce que les animaux gagnent d'un côté, ils le perdent de l'autre. Toutefois, il suffit de constater qu'ils peuvent se modifier dans leurs habitudes, pour décider que ce ne sont pas des machines animées, et que, chez eux, la plupart des facultés de l'homme sont en germe. Mais ce germe ne peut jamais se développer, et c'est parce que nous sommes, à cet égard, dans des conditions opposées, que nous retrouvons entière la dignité de notre nature.

Sans doute, Monsieur, malgré mes objections à l'adoption du *règne humain*, persisterez-vous dans votre opinion et continuerez-vous à refuser la pensée aux animaux; mais ce que vous serez forcé d'admettre avec moi, c'est que les opinions, à cet égard, la vôtre comme la mienne, sont fort controversées. Aussi longtemps qu'il y a à plaidoyer pour et plaidoyer contre, rien n'est décidé. Ce que l'anatomie zoologique nous apprend de la forme et de la structure des organes, l'œil le confirme, le scalpel le démontre, la main le dessine. L'hésitation cesse; on voit, on touche, on compare. L'œuvre psychique, n'ayant rien de palpable, doit être distincte de l'histoire naturelle; il faut l'étudier à part. La création d'un règne humain peut satisfaire ma vanité, mais non ma raison. Considéré physiquement, l'homme est un animal, — le premier de tous, parce qu'il me semble le mieux équilibré, voilà tout —; moralement parlant, il s'en éloigne, et chaque jour davantage, par la perfectibilité de sa nature, la grandeur de son intelligence, la sublimité de sa pensée. Ce que je refuse aux naturalistes, je l'accorde aux métaphysiciens; et s'ils séparent l'homme des animaux par un abîme, je n'essayerai pas de le combler.

Strasbourg, le 7 octobre 1861.

A. FÉE.

DE L'ESPÈCE

DE L'OUVRAGE DE M. DARWIN.[1]

————⋆◦⋆⋆◦⋆————

I.

La définition classique donnée de l'espèce consiste à la regarder comme une réunion d'individus qui se ressemblent entre eux, comme ils ressemblent à leurs géniteurs. Pareils au type dont ils sont sortis, ils ont le pouvoir de créer à leur tour des êtres semblables à eux et toujours ainsi.

L'espèce est donc intermédiaire entre deux générations, celle dont elle provient et celle qu'elle devra produire. Elle est le présent, comme le père est le passé et l'enfant l'avenir.

Pour la légitimer, il faut qu'elle résiste au temps et que les générations provenues d'elle conservent le type.

La destinée de l'individu est de mourir, celle de l'espèce est de durer d'une manière qui, pour nous, peut sembler indéfinie.

Si toutes les espèces décrites dans les livres étaient bonnes, il y aurait autant de types que d'espèces. Malheureusement il n'en est pas ainsi, et la variété usurpe parfois la place de l'espèce. Pour en décider, il faut observer l'action du temps qui ramène au type les formes, si elles s'en écartent.

Les hybrides, c'est-à-dire le produit de la génération entre des espèces différentes, quoique voisines, sont encore moins durables que la variété. La nature en fait justice, en les frappant de stérilité, ou bien en ne leur accordant qu'une fécondité de durée restreinte.

L'espèce remonte par son origine à l'époque de sa première apparition sur la terre, et après chaque cataclysme nouveau la création paraît s'être renouvelée.

---

1. *On the origin of species, by Charles Darwin* ; London, John Murray, 1859.

3

Certains types spécifiques propres à la formation actuelle ont disparu; la science en connaît des exemples; mais les types qui persistent conservent leurs caractères sans altération.

Une force inconnue, dont la source remonte à la création, aurait formé l'espèce de toutes pièces, et constitué les faunes et les flores qui se maintiennent par la succession indéfinie des êtres vivants qui les composent.

II.

La théorie d'une force créatrice avec ses conséquences immédiates, la permanence et l'immutabilité des espèces, ainsi que celle d'une création successive, propre à chaque cataclysme, prévaut encore dans la science; bien qu'à vrai dire, elle fasse intervenir le *Deus ex machinâ*, écartant ainsi toute explication humaine, qu'il semble impossible de donner.

A cette force créatrice, M. Darwin substitue une force organisatrice, éternelle, incessante, capable de modifier et de transformer les espèces, au point de changer les types et d'en créer de nouveaux.

C'est la validité de ce système que nous voulons discuter, après avoir montré toutefois que l'espèce peut être mobile, soit normalement, soit artificiellement, sans pour cela être compromise dans sa durée.

Quoique le type spécifique soit persistant dans l'ordre naturel, les individus qui appartiennent à une même espèce diffèrent à certains égards les uns des autres par des modifications de peu d'importance, mais qui cependant donnent ou refusent la vigueur, donnent ou refusent la taille ou même la beauté. Les traits généraux persistent, et pourtant la ressemblance n'est pas parfaite. Il suffit d'ouvrir les yeux pour être convaincu de cette vérité; nous sommes entourés d'hommes, et cependant aucun ne reproduit exactement notre personne. Tous les êtres organisés donnent lieu à des observations semblables. Il y a donc là comme un angle de divergence, une sorte d'écart; la diversité dans l'unité; un balancement de la forme spécifique, au delà desquels peut arriver la monstruosité. Ces différences individuelles, les unes favorables, les autres défavorables, faciles à constater, ont donné l'idée de multiplier les individus doués de certaines qualités qu'il semblait avantageux de perpétuer. Les tentatives faites dans cette direction datent très-vraisemblablement de l'origine des sociétés régulièrement constituées; néanmoins, les procédés autrefois mis en œuvre n'étaient pas sanctionnés par la science, et ce n'est que depuis un assez petit nombre d'années seulement que les bases d'un art nouveau, fondé sur le choix ou la sélection, ont été posées.

La sélection donc, car ce mot est passé désormais dans notre langue, consiste à

choisir, pour la reproduction, les individus des deux règnes doués de qualités parti-
culières que l'on veut conserver ou même développer de plus en plus, en continuant
d'agir sur les produits, comme on a agi sur les producteurs, et toujours de même, aussi
longtemps qu'on le juge nécessaire. Il résulte de ce choix, fait avec discernement,
la création de races qui deviennent stables, à condition que les individus modifiés
continueront à procréer entre eux. Mais la sélection ne pourrait pas accomplir ses
métamorphoses, si elle ne s'aidait d'autres moyens, parmi lesquels le mode d'alimentation tient le premier rang.

La sélection, appliquée au règne végétal, reconnaît les mêmes principes que la
sélection appliquée au règne animal. On choisit, pour avoir des plantes robustes,
les plus grosses graines; mais si ce moyen était le seul, les résultats obtenus n'auraient qu'une importance très-limitée. S'il est bien vrai que le mode de nutrition
influe considérablement sur la taille et l'embonpoint des animaux, la bénignité des
saisons, la qualité des terres, une sage distribution des eaux, exercent sur les
plantes une action peut-être aussi considérable que celle des engrais. Quoi qu'il
en soit, ces moyens combinés les transforment, épaississent les tiges et les feuilles,
augmentent le volume de la racine, multiplient le nombre des pétales, changent
les étamines et les pistils en organes foliacés. Ce sont les herbes sur lesquelles on
peut agir avec le plus de succès. Les arbres résistent davantage et ne s'améliorent
guère que par la greffe. On agit aussi par la bouture et le marcotage. Pour comprendre tout ce que ces procédés ont d'avantageux, il suffira de se rappeler que les
graines de nos meilleurs fruits, si elles germent, font en général revenir l'arbre au
sauvageon, et ne donnent plus alors que des fruits acerbes et malsains.

Tous les animaux et toutes les plantes ne sont pas modifiables au même degré
par l'homme; il en est même sur lesquels il n'a pu agir. Le cerf, le chevreuil, le
chamois, et beaucoup d'autres mammifères résistent à la domesticité, et gardent,
avec leurs formes, le caractère qui leur est propre. Le néflier, le jujubier, le fram-
boisier, cultivés, ne changent pas par la culture d'une manière considérable, et leur
type reste à peu près immuable.

Les divers procédés artificiels que nous venons d'indiquer font des races d'animaux et des races de plantes qui s'éloignent souvent d'une manière notable du
type spécifique. Si nous en cherchons les conséquences, nous verrons qu'elles
sont très-grandes, et que, — pour rester dans la zoologie, — la race artificielle
peut remplacer et remplace parfois le type normal, ainsi que cela est arrivé, dans
certains pays, pour les races bovine, porcine, ovine, et pour quelques oiseaux,
les pigeons par exemple. Tout cela est dit et très-bien dit par M. Darwin, et nous
nous trouvons jusqu'ici côte à côte, avec ce naturaliste, dans le même sentier.

A défaut d'espèces nouvelles, que l'homme est impuissant à créer, il peut les modifier; quelques-unes d'une manière tellement extraordinaire, que le poirier, le pommier, le prunier, le cerisier, botaniquement représentés chacun par une seule espèce, le sont aujourd'hui, à raison de la diversité de leurs fruits, par plusieurs centaines d'arbres différents. Il n'en est pas autrement des plantes de nos parterres où la même fleur varie à l'infini les nuances du coloris et l'ampleur des pétales. Ainsi, de même que nous avons modifié le sol, déboisé les forêts, réglé le cours des eaux, adouci la pente des montagnes, rendu fertiles des terrains marécageux, de même, dans l'intérêt de notre bien-être, nous avons agi sur le règne organique en le modifiant, suivant que nos besoins ou nos plaisirs le demandaient. Un de nos amis, qui ne manque pas d'une certaine originalité dans les idées, prétendait que si Dieu dépossédait aujourd'hui le genre humain de la terre, pour en doter quelque autre race plus parfaite, celle-ci devrait accorder à l'homme actuel une grosse indemnité pour le récompenser des soins donnés au domaine dont il est l'intelligent fermier.

III.

Ainsi donc, il est acquis à la science :

1° Que sous l'influence des procédés humains, l'espèce passe à la variété; que celle-ci continuée, à l'aide des moyens qui l'ont produite, se transforme lentement en une race distincte du type spécifique ;

2° Que cette race, se perpétuant par les individus de choix qui la composent, peut remplacer l'espèce primitive et la faire disparaître, par une extinction lente et une sorte d'appauvrissement graduel, réduite qu'elle est aux individus de faible constitution;

3° Que parmi les plantes et les animaux il en est qui se prêtent et d'autres qui résistent plus ou moins complétement aux efforts tentés par l'homme pour les réduire et les modifier.

4° Que le choix des géniteurs (la sélection) a besoin de s'aider du sol, de la nourriture, de la température, et d'une foule d'autres moyens auxiliaires, pour créer des races ;

5° Que la sélection artificielle est un art difficile, une lutte entre la nature qui veut conserver les formes, et l'homme, qui s'étudie à les changer ;

6° Et, enfin, que l'homme peut faire des hybrides, et qu'il n'est pas prouvé, notamment pour le règne végétal, que ces hybrides ne soient pas indéfiniment féconds (*pelargonium, fuchsia, calceolaria, petunia, rhododendron*).

Aller au delà de ces propositions semble difficile; et nous cessons, en dépassant cette sage mesure, de marcher de concert avec M. Darwin, dans sa théorie d'une transformation lente et d'un perfectionnement graduel des êtres organisés.

Pour apprécier la valeur de ce nouveau système, prenons-le dans ses conclusions extrêmes.

IV.

« Tous les animaux, dit l'auteur anglais, descendent de quatre ou cinq ancêtres ; toutes les plantes, d'un nombre égal, ou peut-être moindre. L'analogie même pourrait faire croire que plantes et animaux proviennent d'un prototype unique.

« L'apparition de ce prototype, ou celle du petit nombre de types admis, daterait des premiers âges du monde. Les prétendues créations multiples ne seraient autre chose que des hypothèses. Depuis l'époque du développement de la vie, il n'y aurait eu aucune interruption dans l'évolution des formes organiques, et la période actuelle continuerait les périodes antérieures. La force organisatrice serait bien plus en harmonie avec les procédés habituels de la nature que cette force créatrice, agissant, après chaque cataclysme, pour former des organismes nouveaux, indépendants de ceux auxquels elle aurait précédemment donné la vie. La terre serait aujourd'hui ce qu'elle a toujours été, et la force organisatrice, continuant son œuvre, soumettrait les êtres vivants à une transformation lente, qui peut être qualifiée de perfectionnement graduel. Nous descendrions, par suite de ce perfectionnement, du type singe, et il devrait sortir de nous un homme supérieur, physiquement et moralement, lequel à son tour serait perfectionné, et toujours ainsi, dans la suite des siècles, jusqu'à ce que la terre devînt impropre au développement de la vie. Encore pourrait-il arriver que les organismes se modifiassent en même temps que le globe terrestre, si bien que les plantes et les animaux pussent vivre dans des conditions qui ne permettraient pas l'existence aux plantes et aux animaux aujourd'hui vivants. Jamais la mort n'a dévasté complétement la terre, et tous les êtres n'ont pas été victimes d'une destruction totale. Le monde végétal et le monde animal n'ont pu changer du tout au tout, et le livre de vie, pas plus que le livre de mort, n'ont été fermés. »

Certes, cette théorie a des côtés séduisants ; mais combien n'en a-t-elle pas qui sont contestables !

Et d'abord, que l'on réduise autant qu'on le voudra le nombre des types ; que l'on aille même jusqu'à admettre un prototype unique, faisant d'une cellule ou d'un globule le père de la nature organique tout entière ; il n'en faudra pas moins reconnaître une force créatrice, d'autant plus extraordinaire dans ses effets, que cette molécule sera devenue l'origine de la nature vivante tout entière, et nous voilà forcés de constater ce résultat prodigieux, sans pouvoir l'expliquer. La force créatrice et la force organisatrice, sous ce point de vue, ne sauraient donc différer en aucune manière l'une de l'autre.

Certaines idées, exposées dans le système de M. Darwin, ont déjà été émises par plusieurs auteurs. Entre autres celle qui établit que la nature, dans ses productions, forme une série continue, sans aucune interruption; elle est consacrée dans cette phrase célèbre de Linné : *Natura non facit saltus;* quant à l'opinion qui veut que les organismes se modifient suivant la nature des milieux où ils vivent, et en raison des besoins qu'ils éprouvent, on sait que Lamarck en avait fait un système tout entier.

M. Darwin déclare, sans aucune hésitation, que toutes les formes végétales et animales existantes proviennent de quatre à cinq ancêtres au plus; tandis que les seuls mammifères en présentent au moins cinq à six fois ce nombre.

Sans doute, les êtres organisés des divers sous-embranchements se rattachent tous à un plan général. Il n'existe pas une seule plante et pas un seul animal dans l'organisation desquels on ne retrouve quelques-uns des caractères propres au règne auquel ils appartiennent, et c'est en vertu de ces analogies que des embranchements et des règnes ont été établis par les auteurs. Mais il y a bien loin de là à supposer que toutes les formes organiques, regardées aujourd'hui comme des types, dérivent les unes des autres, et qu'elles sont le résultat de l'action lente du temps.

Si, par exemple, tous les mammifères provenaient d'un même type, quel serait le point de départ des modifications? Comment expliquer les *hiatus* qui interrompent la série des anneaux d'une chaîne qui devrait être continue. Quel est le genre qui unit la baleine ou le cachalot aux animaux terrestres, l'éléphant au castor, la souris au singe, le cheval au fourmilier, l'hippopotame à l'écureuil, le lion au tatou? Les anneaux ont été brisés, direz-vous, et on ne les retrouve plus. Cependant, pour unir entre elles, par des nuances suffisamment ménagées, des organisations aussi disparates, il fallait que ces animaux fussent très-nombreux, tandis que les formes animales trouvées dans les diverses couches du globe, au lieu d'unir les anciennes créations aux nouvelles, semblent plutôt les séparer.

Les animaux modifiés pour remplir certains actes et pour vivre dans certains milieux, durent être, dès l'instant de leur création, conformés comme ils le sont aujourd'hui. Ce n'est pas pour avoir vécu au sein des eaux que le corps de la baleine aurait pris la forme d'un poisson, mais bien parce qu'elle était destinée à vivre dans la mer. Les doigts des oiseaux aquatiques étaient palmés avant qu'ils eussent commencé à nager; les premiers oiseaux créés avaient des ailes pour le vol, les premiers poissons des nageoires pour la natation. Ce n'est pas l'habitude du carnage qui a fait pousser les ongles du lion ou la serre du vautour; les mains prenantes du singe datent de sa création, et s'il est arboricole, c'est qu'il ne devait pas vivre ailleurs que sur les arbres. Nous passerions en revue tous les organismes des deux règnes que nos appréciations seraient les mêmes, ce qui nous permet de conclure que toutes les modifications importantes sont congéniales, c'est-à-dire qu'elles datent de la création; de sorte qu'il doit y avoir nécessairement autant de types qu'il y a de plantes et d'animaux, modifiés pour vivre plutôt d'une manière que d'une autre.

Si M. Darwin s'était contenté de prouver que le nombre des types est inférieur à celui des espèces aujourd'hui admises par les auteurs, nous nous serions sans peine rangé à son avis. Il n'est pas hors de vraisemblance que parmi les espèces d'un même genre : chevaux, bœufs, chiens, chats, pigeons, il n'y en ait qui tirent leur origine de races devenues permanentes. En botanique, certains genres à espèces voisines et nombreuses, *mentha, hieracium, carex, cenomyce*, ont vraisemblablement beaucoup moins d'espèces que de formes; cependant, même en diminuant le nombre des types, il en reste une merveilleuse quantité.

Lorsque dans l'ordre naturel une race est formée, elle est tout aussitôt menacée de disparaître, et les individus modifiés vont peu à peu se perdre dans le type, soit qu'en apparence ils élèvent ce type, soit qu'ils l'abaissent.

La sélection naturelle est donc une déviation aux lois de conservation de l'espèce. Celle-ci ne doit ni s'amoindrir ni s'améliorer; son caractère est d'être immuable, aussi longtemps que l'homme n'intervient pas.

L'accouplement des animaux, indiqué comme un moyen naturel de sélection, est presque toujours un acte aveugle. Si parfois la femelle se livre au plus fort, c'est que l'animal favorisé écarte ses rivaux par la crainte; mais pourtant, de cette lutte, ou même de ce choix que font les femelles, des plus beaux mâles, résulte un avantage évident pour l'espèce, qui se soutient au lieu de déchoir. C'est là pour nous la seule sélection qui nous paraisse incontestable.

Tout changement considérable dans la condition normale d'une espèce, loin de lui être profitable, lui devient préjudiciable, et M. Darwin en donne des exemples qui contrarient singulièrement ses idées. Les chiens glabres ont des dents imparfaites; les chats à yeux bleus sont sourds; les moutons à toison blanche sont autrement impressionnés par les poisons que ceux qui ont la laine noire; les animaux et les plantes, chez lesquels surabonde le tissu cellulaire, sont inhabiles à la reproduction. Ainsi toute modification considérable touche de près à la monstruosité.

De même que la nature a donné certains appareils aux animaux pour favoriser certains actes, de même elle a pu laisser à l'état rudimentaire ceux qui n'étaient pas nécessaires. L'aspalax et la taupe, destinés à la vie souterraine, pouvaient avoir, l'un un œil caché sous la peau, l'autre un œil arrêté dans son développement. Il ne serait pas exact de dire qu'ils ont perdu la vue, mais seulement que la lumière ne leur étant pas nécessaire, la nature ne leur a pas accordé la faculté de voir; elle n'a pas agi autrement envers les myxines et les bdellostomes, qui sont parasites.

Toutefois il se peut que certains animaux qui vivent dans des grottes obscures soient devenus aveugles par l'effet seul du milieu dans lequel ils ont vécu. Cela devait être. Si un animal clairvoyant avait dès sa naissance les yeux couverts d'un bandeau, ou qu'il fût possible de le faire vivre dans l'obscurité la plus complète, nul doute qu'au bout de quelques années ses yeux ne fussent atrophiés. M. Darwin fait remarquer que chez les animaux à oreilles dressées qui n'ont plus d'ennemis à redouter, les oreilles deviennent pendantes, ce qui n'est pas pour nous une raison de croire qu'ils entendent moins bien. Sans doute, il existe une certaine plasticité dans les formes, nous en apprécions l'importance, mais elle ne va pas jusqu'à changer l'espèce. Rien n'est plus commun que les variétés créées par l'homme. Rien n'est plus rare, dans l'ordre naturel, que les variétés.

Les productions de la nature, a-t-on dit, sont plus *vraies* que celles de l'homme.

Que la sélection naturelle soit confiée à la mort, qu'elle détruise ses propres écarts, ses monstruosités; qu'elle abandonne les faibles et qu'elle épargne les forts, je le comprends; mais conserver n'est pas changer. Non, la force vitale n'est pas poussée incessamment dans des conditions nouvelles. La nature animale et végétale ne s'élève ni ne s'abaisse; elle se conserve et ne se perfectionne pas : insistons encore sur cette vérité.

Comment pourrait-on d'ailleurs comprendre que les règnes organiques pussent se perfectionner avec le temps; lorsque la preuve du contraire semble évidente, si l'on veut bien comparer les genres éteints avec les genres vivants, les uns et les autres créés pour se reproduire et se perpétuer.

La nature se perfectionne, dites-vous; mais ce perfectionnement doit-il s'entendre de la taille, de la complication de structure des organes, de facultés plus nombreuses. Il est nécessaire de s'entendre. Certes, ce ne sera pas la taille qu'il faudra invoquer. Les mollusques des anciens mondes, bien peu nombreux en espèces, sont souvent gigantesques et de structure plus compliquée que ceux de l'époque actuelle. Nos reptiles les plus grands n'atteignent pas à la dimension de l'*iguanodon*, du *mosasaurus*, de l'*ichthyosaurus communis*, qui mesuraient de 7 à 8 mètres de long, et qui cependant méritent à peine d'être cités à côté du *megalosaurus*, lequel avait la taille d'une baleine, environ 24 mètres de long. L'autruche n'est qu'une naine à côté de l'*æpiornis*, dont les débris à demi fossilifiés ont été trouvés aux îles Sandwich et à Madagascar.[1]

Le mammouth (*Elephas primigenius*), couvert d'une laine grossière, dépassait

1. Le docteur Berg, dans une lettre écrite de Bourbon à M. Moquin-Tandon, professeur à la Faculté de médecine de Paris, déclare, sur la foi d'un capitaine de navire qui arrive de Madagascar, que l'*æpiornis* existe dans cette grande île. (Le *Temps* du 7 décembre 1861.)

la taille de nos plus énormes éléphants; le grand mastodonte avait les mêmes
dimensions; on a trouvé les ossements fossilifiés d'un bœuf plus grand que le nôtre.
Ces animaux, et beaucoup d'autres dont nous pourrions citer les noms, espèces
disparues de genres que nous possédons, avaient des instincts développés et des
organes capables de les servir dans tous les actes de leur vie; pourquoi soutenir
alors qu'il y a perfectionnement graduel, s'il est prouvé que les anciens organismes
n'étaient ni inférieurs ni supérieurs aux animaux actuels?

Faudrait-il croire à ce perfectionnement en voyant aboutir à l'homme les diverses
créations animales? nous ne le pensons pas. Outre qu'il paraît aujourd'hui prouvé
que notre espèce a vécu avant l'époque actuelle, je ne puis croire que l'homme ne
soit pas autre chose qu'un singe perfectionné. Trop de caractères nous séparent
des quadrumanes pour ne pas rendre nécessaire d'admettre pour nous une création
spéciale, un type parfaitement distinct, indépendant de celui des autres animaux,
qui chacun ont le leur.

Il faudrait avoir une foi bien robuste pour croire avec M. Darwin que toutes les
variétés ne sont que des espèces commençantes, et que toutes les formes spécifiques
descendent d'un même type par voie de transformation lente, de sorte que l'espèce,
n'ayant rien de stable, ne serait que transitoire. Dans ce système, dont les conséquences sont absolues, il faudrait croire, en voyant un genre riche en espèces,
qu'il serait uniquement formé d'un grand nombre de variétés. Le genre lui-même,
si l'on songe au petit nombre de types primordiaux admis, dériverait d'un autre
genre, et toujours ainsi, pour réduire le nombre des ancêtres au point où
M. Darwin veut qu'il arrive.

Ce n'est pas ainsi qu'il faut conclure. Si des écarts éloignent la variété du type,
il y en a d'autres qui, du point dévié, peuvent la ramener au type; ce serait comme
un flux et reflux perpétuel, capable de détruire les effets de la sélection naturelle,
et de rétablir ainsi l'ordre et l'harmonie, si l'un et l'autre étaient quelque peu
altérés.

V.

« Il existe un lien caché, qui unit, dites-vous, à travers l'espace et le temps, les
organisations actuelles aux organisations antérieures. » J'accorde volontiers que les
plantes et les animaux, qui ont appartenu à tous les âges de la terre, ont vécu à
l'aide d'organes analogues à ceux des êtres aujourd'hui vivants. C'est le même plan,
mais modifié à l'infini.

Les animaux antédiluviens, éléphants, rhinocéros, chevaux, bœufs, hippopotames, hyènes, ours, cerfs, rats, lapins, se rattachent comme espèces distinctes
aux genres de même nom, actuellement vivants, ce qui ne peut vouloir dire qu'il

4

faut chercher leurs ancêtres dans le sein de la terre. Nos animaux et nos plantes sont pour la plupart des créations nouvelles; je dis pour la plupart, car il est prouvé, notamment pour les mollusques, que certaines espèces antédiluviennes ont survécu aux cataclysmes qui, à diverses reprises, ont bouleversé la surface de la terre, et changé plus ou moins complétement les climats.

M. Darwin, partant de cette idée que tous les changements organiques sont des perfectionnements, estime que l'homme actuel sera remplacé par un homme plus parfait que nous ne le sommes. Je vois bien disparaître certaines races inférieures devant la race blanche, mais je ne puis comprendre que cette race puisse être un jour remplacée par une autre, à moins d'un cataclysme nouveau. Or, si cela arrivait, ce ne serait pas une amélioration par sélection, ce serait une création nouvelle, un remplacement par acte souverain, sans explication possible. Certes, je crois qu'il sortira de nous, avec le temps, une race moralement améliorée; cependant l'homme ne changera pour cela ni de forme ni d'organes ; seulement ses tendances le conduiront instinctivement vers le bien. L'époque qui verra cet âge d'or est inconnue; mais notre destinée actuelle serait trop douloureuse, si l'espoir d'un meilleur avenir ne venait relever notre courage.

VI.

M. Darwin regarde comme une sélection naturelle un fait considérable que je puis qualifier de balance numérique des êtres vivants. La sélection naturelle, dans les idées mêmes de l'auteur, ne serait pas confiée à la vie, mais bien à la mort.

Il ne faut pas croire qu'il résulte de cette limitation numérique des êtres le moindre changement dans le type spécifique; elle a pour but unique de mieux en assurer la durée. La nature prodigue les individus d'une même espèce pour abandonner le superflu à des chances nombreuses de destruction. Il faut que chaque être vivant ait sa place sur la terre; or, l'espace étant limité, il faut bien que le nombre des occupants le soit aussi. La rigueur des hivers, les longues pluies, les sécheresses prolongées, les épizooties, la nécessité de l'alimentation, qui pousse les animaux à s'entre-dévorer, une foule d'autres causes encore font rentrer l'espèce dans des limites, pour elle, infranchissables. Non-seulement ce n'est pas là une cause de transmutation de l'espèce en races capables de se perpétuer et de former des types nouveaux, mais ce serait tout au plus une cause d'anéantissement pour certaines espèces, si elles étaient incapables de soutenir la lutte, ce qui est extrêmement rare.

Les grands changements qui se sont opérés à la surface du globe n'expliquent pas complétement la destruction de tous les animaux qui ont disparu. Ces énormes iguanodons, ces prodigieux ichthyosaurus, ces immenses mégalosaurus, à raison

même de leurs dimensions, telles que les animaux aujourd'hui vivants ne sauraient
en donner qu'une faible idée, auraient fort bien pu disparaître par le fait même de
leur taille démesurée et de leur insatiable voracité.

Pour nous, la loi de balancement numérique des êtres vivants semble absolument
distincte de la sélection naturelle, et s'il est des causes qui peuvent modifier les
habitudes des animaux, elles sont ailleurs. La nature végétale nous rend compte de
l'une des plus considérables.

Il est bien connu que dans les pays abandonnés à eux-mêmes, les plantes ligneuses
finissent par l'emporter en nombre sur les herbes, si bien que celles-ci, faute de
place, grimpent sur les troncs et les branches et les envahissent. Les forêts ne se
sont formées que lentement, et les animaux, ainsi que les plantes, qui vivaient, à
ciel découvert, avant que les arbres ne devinssent dominants, ont dû peu à peu
s'exiler ou même disparaître. Les animaux qui ont résisté aux changements de
climat, suite nécessaire de la formation de ces grands bois, éclairés d'une lumière
diffuse, lieux mystérieux où règne une température humide, presque toujours égale,
et où l'on ne respire qu'un air, en quelque sorte confiné, ont dû modifier leurs
habitudes en raison des conditions nouvelles dans lesquelles ils se sont trouvés.
Cette manière d'être, toute différente de leur vie antérieure, a pu influer sur les
dimensions, sur la couleur et l'abondance des productions épidermiques, restreindre
ou développer certaines qualités instinctives, sans toutefois altérer sensiblement la
forme. D'un autre côté, le déboisement par cause d'incendie, dont le résultat immé-
diat est de remplacer les arbres par des herbes, et celles-ci par des arbrisseaux,
donne lieu à une flore nouvelle, qui contrarie dans leurs habitudes les anciens hôtes
de ces lieux de refuge. Beaucoup périssent ou bien émigrent. Supposons qu'il se
détache d'un continent une portion quelque peu considérable de territoire et qu'il se
forme une île, et l'on comprendra sans peine que plusieurs plantes et plusieurs animaux qui prospéraient sur la partie continentale, puissent disparaître et être ainsi
remplacés par d'autres.

Rien ne prouve mieux que la rareté des hybrides combien dans l'ordre naturel
le type spécifique est capable de résister aux causes qui peuvent en altérer la pureté.
Quoiqu'il soit prouvé que certaines de ces productions anormales sont indéfiniment
fécondes, cette circonstance est regardée comme une véritable exception, sans
influence véritable; elle prouve seulement que quelques espèces, et les exemples
qu'on peut en citer appartiennent presque tous au règne végétal, sont plus facilement modifiables que les autres. Cependant, il serait possible d'admettre, qu'après
un certain nombre de croisements entre les espèces normales et les hybrides, le
type puisse reparaître dans toute sa pureté.

Ce que fait l'homme par la sélection artificielle, pourquoi, dit M. Darwin, la nature qui dispose du temps, ne l'opérerait-elle pas? Ce n'est là qu'une hypothèse. Nous sommes en lutte perpétuelle avec la nature, et nous faisons une foule de choses qu'elle ne saurait faire seule; elle ne donne que les moyens d'exécution. La stabilité de l'espèce est une loi conservatrice toujours respectée; les preuves en sont nombreuses.

Tous les animaux reproduits par la sculpture sur les plus anciens monuments, ceux même dont la date remonte à 40 ou 50 siècles, se rapportent exactement, taille et forme, aux animaux actuellement vivants. Les momies de chat et d'ibis ne diffèrent pas de nos chats et des ibis qui vivent sur les bords du Nil. Les squelettes d'hommes, trouvés dans les plus vieux sépulcres, et les momies égyptiennes sont exactement pareils aux squelettes des hommes d'aujourd'hui. Ce temps écoulé, quoique relativement peu considérable, aurait dû agir, et cependant rien ne semble modifié. Les plantes sacrées sculptées sur les monuments de l'Inde et de l'Égypte ne sont pas difficiles à déterminer, et les espèces auxquelles on les rapporte n'ont pas varié. Tout ce que Hérodote dit du palmier, il le dirait encore maintenant. Les plantes mentionnées dans la Bible ou dans les écrits homériques se font reconnaître sans trop d'incertitude. Les faits qui tendent à prouver que rien n'est changé dans les formes spécifiques sont donc nombreux; et les conséquences qui en découlent ne sont plus de simples hypothèses, comme celle qui fait du temps à long terme un modificateur dont l'action serait continue.

Nous n'avons combattu dans les idées de M. Darwin que ce qu'elles ont de trop absolu. Ce savant a pris l'exception pour la règle et fondé un système complet sur des particularités curieuses, qui n'entrent dans le plan universel des êtres qu'à titre de déviations accidentelles. Pour mieux montrer les points qui nous rapprochent et ceux qui nous séparent, parlons succinctement des faunes et des flores antédiluviennes, et voyons ce que nous pourrons déduire de ces évolutions successives.

VII.

Quoiqu'il ne soit pas prouvé que des faunes et des flores dont il ne reste aucune trace n'aient pas existé à des périodes qui nous seraient inconnues, il semble, autant que l'état actuel de nos connaissances en zoologie permet d'en juger, que la vie organique s'est manifestée lors de la formation cambrienne, par quelques zoophytes et un petit nombre de trilobites.

Des mollusques marins de tous les ordres, surtout des brachiopodes, des coraux, des rayonnés, des poissons, et plusieurs algues marines, apparaissent dans le groupe silurien, avec des plantes terrestres dans les couches supérieures de ce même terrain.

Ainsi, dès cette époque reculée, les deux règnes organiques étaient distincts. Les animaux à respiration branchiale seuls existaient, et la vie n'avait d'activité qu'au sein des eaux.

La formation dévonienne, qui constitue la troisième époque du globe, ne semble pas avoir été en progrès sur les précédentes, quant aux organismes jusqu'ici découverts dans les terrains qui la composent. C'est d'abord un reptile du vieux grès rouge, le *Telerpeton Elginense*, et des traces incertaines de pas qui font croire à l'existence d'un chélonien. Les poissons et les trilobites y abondent, ainsi que les mollusques et les coraux. Le règne végétal, assez pauvre alors, ne consistait guère qu'en *lepidodendron* et en fougères; on y a vu pourtant quelques conifères.

La quatrième époque, formation carbonifère, est surtout riche en végétaux cryptogames vasculaires, fougères, lycopodes, équisétacées, calamites et sigillaires. On y trouve des conifères et l'empreinte de plantes qui pouvaient appartenir aux dicotylédones, sans qu'on puisse cependant l'affirmer.

Les terrains houillers et le calcaire carbonifère sont assez pauvres en coquilles et en reptiles à respiration aérienne; ceux qu'on y a trouvés jusqu'ici étaient fort gros. Un saurien de grande taille a laissé sur les grès, avant qu'ils fussent solidifiés, la trace de ses pas.

Cette formation est surtout riche en plantes dont les espèces n'ont point aujourd'hui d'analogues. Il en est même plusieurs qui appartiennent à des familles que nous ne possédons plus. Les organismes animaux sont spéciaux et sans communauté de forme avec les animaux des périodes antérieures.

Le groupe permien, le dernier de la période primaire dans l'ordre de succession des couches, a des coraux, des coquilles, des reptiles, des fougères, des conifères, animaux et végétaux, tous différents des nôtres.

La couche secondaire ou mézozoïque se compose de trois formations, le trias, la formation jurassique et la craie.

Le trias ou nouveau grès rouge — keuper, muschelkalk, grès bigarré — a pour faune des rayonnés, des coquilles, des dents de serpent, des sauriens, peut-être aussi des grenouilles gigantesques. On a vu sur le nouveau grès rouge les traces d'un oiseau; la flore y est représentée par des plantes d'espèces différentes, quoique de même famille que celles des formations précédentes. Les *voltzia*, que l'on sait appartenir aux conifères, y sont assez communs.

Le groupe jurassique — oolithe, lias, trias inférieur, — renferme une grande variété d'animaux, coquilles, bélemnites, céphalopodes, encrines, madrépores, reptiles, poissons, chéloniens, l'*ichthyosaurus*, le ptérodactyle, l'*amphitherium*, le *phascoterium*, et bien d'autres encore qui constituent principalement la faune de cette époque. La flore se réduit aux familles déjà indiquées pour le trias, avec les characées en plus. Aucune plante dicotylédone n'a été vue dans ce groupe dont les productions sont toutes spéciales.

La formation crétacée inférieure et supérieure est riche en reptiles de taille gigantesque, *mosasaurus, iguanodon*, ptérodactyle de la craie, poissons, et une assez grande quantité de plantes des divers embranchements, toutes différentes spécifiquement des formes actuelles.

La formation des éocènes supérieur, moyen et inférieur, est caractérisée par un nombre considérable de mammifères de formes très-diversifiées. On y trouve un pachyderme ailé, le *mastodon*, le *dinotherium* géant, l'*anoplotherium*, le *palæotherium*, l'*hyæna spelæa;* en outre, des quadrumanes, des chéiroptères, quelques oiseaux, des crocodiles, une espèce de scie et d'espadon, un serpent de très-grande dimension, des coquilles, surtout des nummulites; mais, toute nombreuse en espèces qu'est cette faune, elle diffère tout à fait de la nôtre. La flore n'a jusqu'à présent montré qu'un très-petit nombre de plantes, toutes dicotylédones.

Les formations du miocène et du vieux pliocène sont abondantes en coquilles. Les espèces éteintes l'emportent considérablement sur celles qui vivent encore de nos jours. Les grands mammifères des genres *mastodon, dinotherium, sivatherium*, des antilopes, un daim, un cétacé, des rhinocéros, y ont laissé des traces de leur passage sur la terre. Les plantes sont particulièrement des conifères; plus un très-petit nombre de dicotylédones.

Le nouveau pliocène, qui confine aux terrains contemporains, renferme dans le diluvium une prodigieuse quantité d'organismes animaux, surtout de grands mammifères, plusieurs espèces de rhinocéros, d'hippopotames, d'éléphants, un castor gigantesque, des débris de chevaux, de bœufs, d'ours, de lions, de singes, accumulés pêle-mêle dans les cavernes à ossements, sans qu'il soit facile de dire par quelle cause ces débris, si variés qu'ils appartiennent à la presque-totalité des espèces qui composent la faune fossile, se trouvent ainsi réunis. C'est à cette formation qu'il faut rattacher la présence de ces gigantesques oiseaux, le dinornis, l'æpiornis et le palapteryx, dont quelques espèces dépassaient 4 mètres de hauteur.

Quoique le diluvium s'unisse par ses productions organiques à celles de notre période, le nombre des espèces qui lui sont propres dépasse considérablement celui des espèces actuellement vivantes, et c'est surtout parmi les mollusques qu'il faut chercher ces analogues.

VIII.

Il résulte de cette revue rapide, que les faunes et les flores des formations cambrienne, silurienne, dévonienne, carbonifère, permienne, triasique, jurassique, crétacée, éocène, ne renferment presque aucun organisme que l'on puisse rapporter avec certitude à nos espèces. On trouve dans le miocène et le vieux pliocène quelques coquilles encore aujourd'hui vivantes, et dans le nouveau miocène, indépendamment de coquilles, plusieurs animaux semblables ou presque semblables aux nôtres, notamment des mammifères.

L'époque actuelle ne se lierait donc à l'ancien monde que par les deux formations les plus récentes et seulement pour quelques types.

Ne doit-on pas conclure de cette dissimilitude à peu près universelle des types animaux et végétaux la preuve, qu'à toutes les grandes époques du globe, il y aurait eu création d'organismes formés sur un même plan, quoique absolument distincts comme espèces, et presque toujours comme genres ou même comme familles.

Il est également vrai que, pour les deux règnes, les êtres vivants simples de structure ont précédé les autres : mollusques et trilobites pour l'un, fucus et fougères pour l'autre, et que les mammifères, ainsi que les dicotylés, ne sont venus que beaucoup plus tard.

Toutes graduées que sont ces diverses créations dans l'évolution des organismes qui les composent, elles ont produit des formes si heurtées et si étranges qu'on ne saurait croire qu'elles dérivent les unes des autres ; de sorte que les types primitifs sont presque aussi nombreux que les espèces créées.

Pour justifier, plus complétement, s'il est possible, l'indépendance réciproque des êtres, il suffirait de constater que certains animaux et certaines plantes ont une organisation qui les rend propres à vivre dans un milieu déterminé à l'exclusion de tout autre.

Nous avons déjà dit plus haut, et nous ne craignons pas de le répéter, que, si les milieux modifient les êtres, ce ne saurait être dans les parties essentielles de la forme typique. Est-ce parce que les échassiers ont été chercher leur proie dans la vase, que leurs tarses et leurs becs se sont allongés? le cygne et l'oie n'ont-ils eu des doigts palmés qu'après avoir nagé plus ou moins longtemps? le premier castor n'a-t-il eu cette queue écailleuse, qui lui sert de truelle, et ces incisives puissantes, avec lesquelles il coupe si facilement les arbres, qu'après s'être essayé dans l'art du charpentier? Si les plantes vivent les unes sur les montagnes ou dans la plaine, les autres dans les marais ou dans les eaux, n'est-ce pas qu'elles étaient destinées à vivre là plutôt qu'ailleurs? Toutes les idiosyncrasies, toutes les modifications de structure, datent du premier ancêtre, ou, en d'autres termes, de la création.

Que l'on réduise autant qu'on le voudra le nombre des types, il faudra nécessairement admettre une force créatrice, et surtout une force conservatrice des types créés, opposée à la force organisatrice, qui transformerait et mettrait en question jusqu'à l'existence de l'espèce. Il est difficile de comprendre qu'une transformation soit un perfectionnement. Les organismes simples sont aussi parfaits que les autres. Parcourir toutes les phases de la vie avec des organes peu nombreux, pourrait être regardé comme une perfection, à moins que la complication de structure ne s'accompagne de facultés nouvelles, ce qui a lieu d'ordinaire. Ainsi les fougères fécondées avec des anthéridies mobiles, plantes qui peuvent devenir arborescentes, se couronner d'un magnifique feuillage et produire des millions de sporules, ne sauraient me paraître inférieures aux plantes qui ont des fleurs.

Si les animaux et les plantes étaient faits pour les mêmes lieux; qu'ils pûssent se nourrir des mêmes aliments; qu'ils eussent la même durée, avec des organes fonctionnant de même, je pourrais accepter les idées de M. Darwin, et croire au passage insensible d'une espèce dans une autre. Mais en constatant, d'une part, que les besoins diffèrent, et que, de l'autre, la forme s'est modifiée pour donner les moyens de les satisfaire; en voyant les êtres vivants relégués dans les milieux pour lesquels ils sont faits, ceux-ci aquatiques ou terrestres, ceux-là polaires ou tropicaux, je vois des causes primordiales, et je conclus qu'elles datent des premiers jours du monde. Plantes et animaux, modifiés dans leur manière de vivre, ne l'ont point été au hasard; et s'ils ont été créés d'après un plan plutôt que d'après un autre, c'est qu'ils avaient leurs destinées, et une structure qui devait leur permettre de les remplir. Je ne saurais me décider à croire que ma forme soit transitoire et qu'elle prélude à la création d'un autre homme plus parfait que nous ne le sommes. Rien de semblable ne pouvant m'être démontré, j'ajourne ce miracle à un autre cataclysme. Je déclare, en outre, nettement, n'avoir aucune parenté avec le singe; nous ne dérivons ni lui de moi, ni moi de lui. Il est organisé pour grimper sur les arbres, et je le suis pour marcher sur le sol. Nous sommes deux types parfaitement distincts; et si la même puissance nous a donné la vie, elle a voulu que nos destinées fussent différentes, aussi bien pendant la vie qu'après la mort.

Strasbourg, ce 29 novembre 1861.

A. FÉE.

STRASBOURG, IMPRIMERIE DE VEUVE BERGER-LEVRAULT.

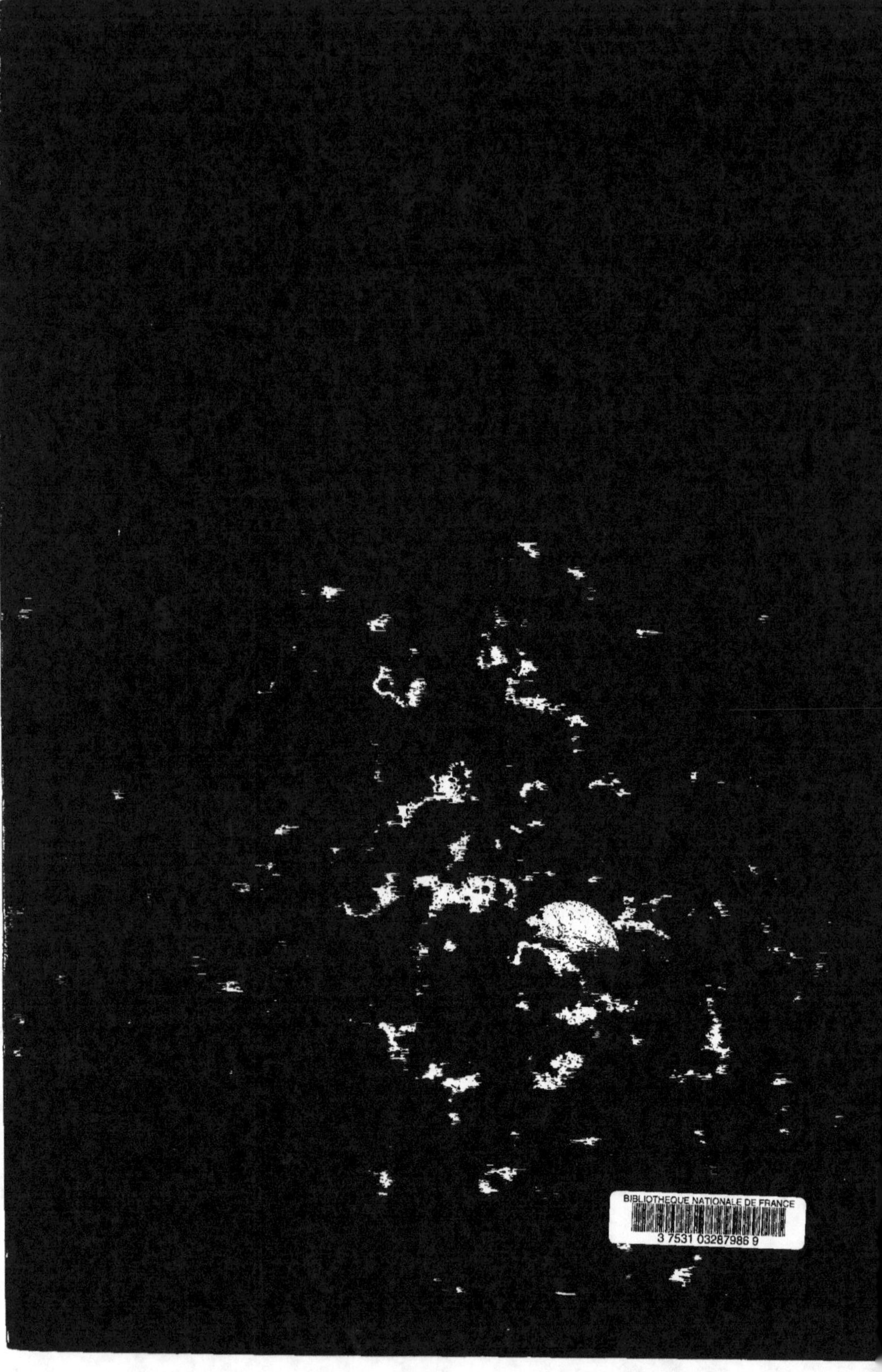